图说海底世界

Tushuo Haidi Shijie

赵广涛 ◎ 主编

文稿编撰/张永美

图片统筹/张永美

中国海洋大学出版社

·青岛·

致 谢

本书在编创过程中，国家海洋局赵觅、夏立民、王晶，中国海洋大学刘邦华，在图片方面给予了大力支持，王雪绘制了部分图片，在此表示衷心的感谢！书中参考使用的部分图片，由于权源不详，无法与著作权人一一取得联系，未能及时支付稿酬，在此表示由衷的歉意。请相关著作权人与我社联系。

联 系 人：徐永成

联系电话：0086-532-82032643

E-mail: cbsbgs@ouc.edu.cn

图书在版编目（CIP）数据

图说海底世界/赵广涛主编.—青岛：中国海洋大
学出版社，2013.1

（图说海洋科普丛书/吴德星总主编）

ISBN 978-7-5670-0218-0

Ⅰ.①图… Ⅱ.①赵… Ⅲ.①海底－儿童读物

Ⅳ.①P737.2-49

中国版本图书馆CIP数据核字（2013）第024055号

出版发行 中国海洋大学出版社	
社　　址 青岛市香港东路23号	**邮政编码** 266071
出 版 人 杨立敏	
网　　址 http://www.ouc-press.com	
电子信箱 hpjiao@hotmail.com	
订购电话 0532-82032573（传真）	
责任编辑 矫恒鹏	**电　　话** 0532-85902349
印　　制 青岛海蓝印刷有限责任公司	
版　　次 2013 年 4 月第 1 版	
印　　次 2013 年 4 月第 1 次印刷	
成品尺寸 185 mm×225 mm	
印　　张 6	
字　　数 105千	
定　　价 16.00元	

图说海洋科普丛书

总主编 吴德星

编委会

主　任　吴德星　中国海洋大学校长

副主任　李华军　中国海洋大学副校长

　　　　　杨立敏　中国海洋大学出版社社长

委　员（按姓氏笔画为序）

　　　　朱　柏　刘　康　李夕聪　李凤岐　李学伦　李建筑

　　　　赵广涛　徐永成　傅　刚　韩玉堂　魏建功

总策划　李华军

执行策划

杨立敏　李建筑　魏建功　韩玉堂　朱　柏　徐永成

启迪海洋兴趣　扬帆蓝色梦想

——出版者的话

是谁，在轻轻翻卷浪云？

是谁，在声声吹响螺号？

是谁，用指尖跳舞，跳起了"走近海洋"的圆舞曲？

是海洋，也是所有爱海洋的人。

走进蓝色大门，你的小脑瓜里一定装着不少稀奇古怪的问题 ——"抹香鲸比飞机还大吗？""为什么海是蓝色的？""深潜器是一种大鱼吗？""大堡礁除了小丑鱼尼莫还有什么？""北极熊为什么不能去南极企鹅那里做客？"

海洋爱着孩子，爱着装了一麻袋问号的你，它恨不得把自己的一切通通告诉

你，满足你所有的好奇心和求知欲。这次，你可以在"图说海洋科普丛书"斑斓的图片间、生动的文字里找寻海洋的影子。掀开浪云，千奇百怪的海洋生物在"嬉笑打闹"；捡起海螺，投向海洋，把你说给"海螺耳朵"的秘密送给海流。走，我们乘着"蛟龙"号去见见深海精灵；来，我们去马尔代夫住住令人向往的水上屋。哦，差点忘了用冰雪当毯子的南、北极，那里属于不怕冷的勇士。

海洋就是母亲，是伙伴，是乐园，就是画，是歌，是梦……

你爱上海洋了吗？

前言
qianyan

海底是什么样子，深海有没有生命的奇迹，那些沉入大海的古城又在哪里？《图说海底世界》会把答案告诉你；让你带着探索海洋的梦想，去感受海底别样的美丽。

深邃遥远的海底，它的样子并不神秘，那里既有海岭、海沟，也有平原、盆地。

幽深的海底没有阳光，那里生活着一群群神奇的"居民"，它们经得住寒冷或者高温，那幽邃莫测的海底恰是它们快乐的天堂。

深海的生物千姿百态，海底的矿产资源丰富多样，有储量惊人的海底淡水，有遇火即燃的"可燃冰"，还有石油和天然气、多金属结核等。海底——人类取之不尽、用之不竭的宝藏胜地。

不幸沉没大海的古城和古船，它们有的已经在海底沉睡了上千年，正等待着重见天日，向人们讲述曾经发生的故事。人们从来也没有忘记它们，不放过任何的蛛丝马迹，寻找着关于它们的历史和传奇……

沉着灵活的深潜器，引领着人们深入更加广阔的海底世界，不断探索和发现深海的瑰丽奇迹。

目 录
mulu

海底形貌

　　我们都知道，陆地上有山脉、丘陵、平原等地形，那么，看不见的大洋海底是什么样子的呢？其实，海底地形和陆地一样，也有高大的山脉、宽阔的盆地、深邃（suì）的沟壑，其规模大都超过陆地上相似的地形。

大陆边缘

大陆边缘是大陆与海洋之间的过渡带，在地壳结构上类似陆地。主要包括大陆架、大陆坡、大陆隆及海沟等。

大陆架、大陆坡和大陆隆

陆地自然延伸到海洋里的部分就叫大陆架。这里的海水比较浅，坡度比较平缓。大陆坡非常陡峭，它一头连着大陆架，一头接着大洋底。大陆隆是位于大陆坡与深海平原之间的、向海缓斜的巨大楔（xiē）状沉积体。

海沟

海沟是海洋中狭长而两边非常陡峭的"大沟"，从它的横切面看，像一个大大的 V 字。

海沟

海底之极——马里亚纳海沟

在太平洋西侧，自北而南分布着一系列深海沟，它们是太平洋板块向亚洲板块之下俯冲形成的，其中最深的就是马里亚纳海沟。它就像大洋身上一道弯弯的"伤疤"。

马里亚纳群岛

马里亚纳海沟

马里亚纳海沟有 2 550 千米长，平均有 70 千米宽，大部分的水深在 8 000 米以上。

千米

珠穆朗玛峰

海平面

马里亚纳海沟

这里是地球表面最深的地方，就算把珠穆朗玛峰放在这里，峰顶也不会露出水面。

斐（fěi）查兹海渊是马里亚纳海沟最深处。已探测到的深度为 11 034 米，是地球上最深的地方。

2012 年 3 月，电影《泰坦尼克号》和《阿凡达》的导演詹姆斯·卡梅隆乘"深海挑战者号"单人深潜器，抵达深度近 11 000 米的马里亚纳海沟。

海槽

　　海槽是两边坡度比较缓倾且狭长的凹地，整个海槽像一只巨大的"马槽"，镶嵌（xiāngqiàn）在海底。

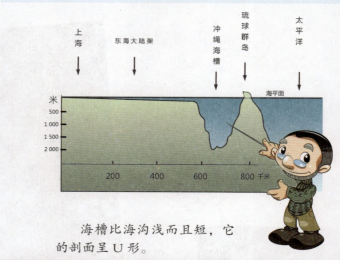

海槽比海沟浅而且短，它的剖面呈 U 形。

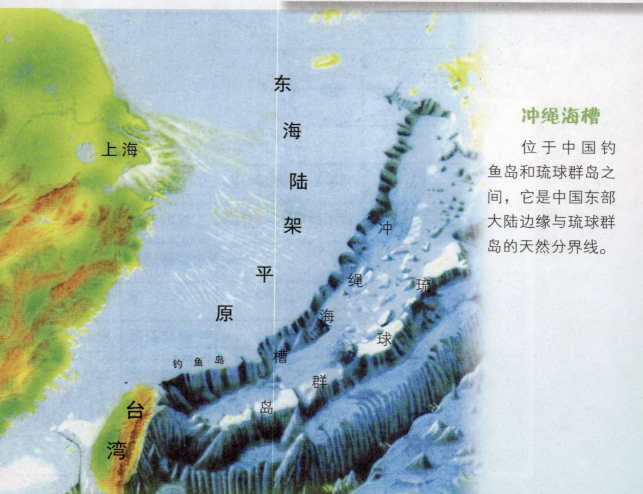

冲绳海槽

　　位于中国钓鱼岛和琉球群岛之间，它是中国东部大陆边缘与琉球群岛的天然分界线。

开曼海槽

加勒比海不仅有凶猛的海盗，还有隐藏着生命起源奥秘的开曼海槽。它位于开曼群岛和牙买加岛之间，长约100千米，最深的地方达7 686米，是加勒比海的最深处。

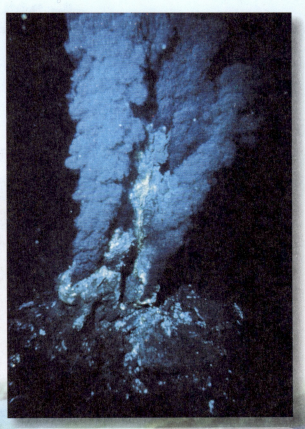

2010年4月13日，科学家在开曼海槽发现一处隐居5 000米深海海底的"黑烟囱"——海底热液喷发口。

巨大的"黑烟囱"能从其"嘴里"喷出温度极高的含有很多矿物质的黑色热水，水温可达400℃。天长日久，就能形成含多种金属的硫化物矿床，周围生长着许多奇异生物。

大洋中脊

大洋中脊就是海底的山脉，也叫海岭，全球最大规模的海岭是贯穿四大洋底的大洋中脊，全长 65 000 多千米。

大西洋中脊

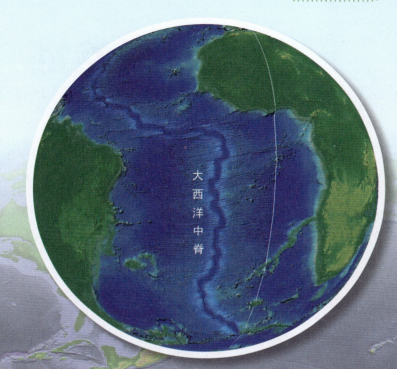

大西洋中脊

在大西洋，大洋中脊呈S形延伸，与两岸近似平行。

大洋盆地

大洋底那些低平而宽阔的地方是洋底平原。如果它们的周围被海底山脉或高原环绕着，就叫做大洋盆地，简称洋盆。洋盆跟陆地上的盆地差不多，是大洋底的主要部分。

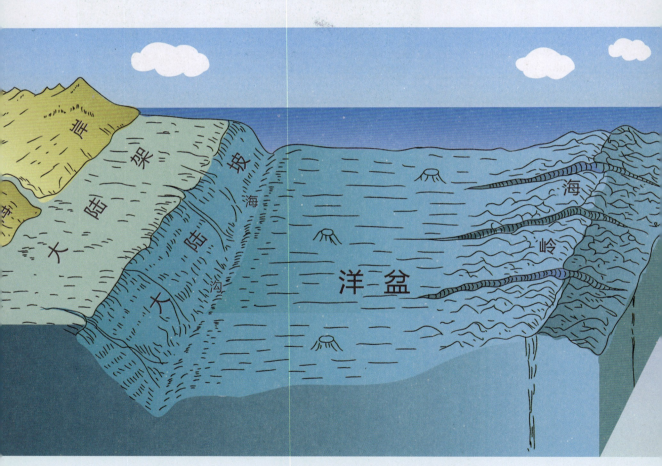

海底地形示意图

海底火山

　　深深的大洋海底可不是我们想象中的那般安静，那里分布有相当广泛的海底火山。

火山的形成

　　海底火山是海底深处的岩浆通过海底地壳薄弱的地方喷溢或喷发出来，岩浆和其他喷出物质冷却后形成的。

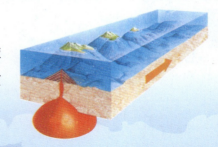

浅海火山

我们能看到的火山喷发大都是浅海火山，因为它们离水面比较近。这里的火山一旦喷发，炽热的岩浆和滚滚的浓烟会给人们带来巨大的灾难。

深海火山

大部分海底火山都位于深海之中，在海面上几乎看不到深海火山喷发的迹象。一般是岩浆通过洋壳的裂口或裂缝向外溢流，很像煮开的牛奶沿锅沿溢出的样子，没有浅海火山喷发那样壮观。

火山危害

有些海底火山能喷出大量烟雾和火山灰，形成数千米高的"黑烟柱"，浓浓的黑烟里含有大量的有毒气体，威害人们的健康。

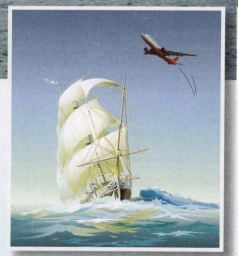

海底火山喷发能使飞临它上空的飞机和行驶在它附近的船只突然失灵，造成可怕的事故，还能引起海啸和地震，给人们带来巨大的灾难。

火山喷发形成岛屿

你知道美丽的夏威夷岛吗？你能想象它是由火山喷发形成的吗？规模宏大而又持续的海底喷发会形成大大小小的岛屿，天长日久，环境变化，有的岛屿就能适合人类居住。

海底平顶山

海底平顶山是一种长得非常"奇怪"的海底死火山，因其顶部较平坦而得名。

海底平顶山刚形成时是高出海平面的火山，比较疏松，海浪很容易将其顶部冲刷掉，天长日久，头部被慢慢地"削平"，随着海底的沉降和运动，它便没于海面之下了。

有的海底平顶山的头顶有一层厚厚的珊瑚礁体，最厚处可达 1 500 米！

天然渔场

因为平顶山要比海底高出很多，所以海水撞到这些"大树墩"的时候，就会沿着山坡往上爬，形成一股强大的上升流，从而把大量的海底有机物带到海面，成为鱼儿极好的饵料。所以，有平顶山的海区往往是鱼儿欢聚的天堂。

海底生物

深海中始终不见阳光，巨大的压力、黑暗的环境造就了深海中奇迹般的生命。它们有的耐低温，有的能承受高温，它们有自己独特的生存方式，能够在深海的多个角落里繁衍生息，共同构成幽深海底的"生命绿洲"。

深海生物

从海平面向下 2 000 米，那里见不到阳光，并且盐度高、水温低、压力大，但那里依然生活着一群神奇的"居民"，它们美丽动人，神秘可爱，像外星人一样居住在我们不熟悉的海底世界。

可爱的"海天使"

海里也有"天使"，你知道吗？这只只有豌豆大小的半透明小生物就是"海天使"。别看个头小，它可不是好惹的，只要有其他的浮游生物靠近，这个小家伙就会立刻将其吞进肚子里。

"铁甲钢拳"的雪人蟹

雪人蟹生活在含有有毒液体的热泉地区，两只毛绒绒的"大袖子"能够保护它不受伤害。你别看它威风凛凛的，它可是一位"盲人"，它的眼睛根本就看不到外面的世界。

美丽的海葵

海葵是捕食性动物，它没有骨骼，能缓慢移动。海葵多栖息在浅海，少数生活在大洋深渊，它和小丑鱼互相帮助，生活在一起。

透明的海参

这些透明海参，一般生活在 2 000 多米深的漆（qī）黑海底。它们能用透明的身体作伪装，觅食者很难发现它们，从而避开凶残的捕猎者。

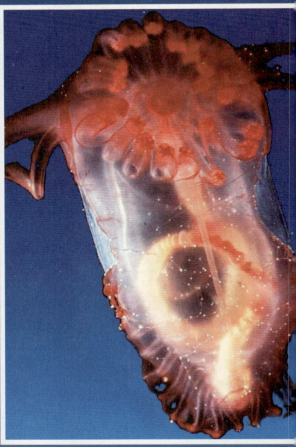

蓝色冰鱼

　　蓝色冰鱼长着扇子状的背鳍（qí），所以游起来就像在天空中飞翔。它的血液是蓝色的，没有红血球，所以当其他的鱼儿都被冻住的时候，它们还可以自在地游来游去。

头肛狮子鱼

　　这只"会游泳的蝴蝶"是狮子鱼的一种，看它的鳍像不像京剧演员背后插着的护旗？

红线纹纸泡

　　这个像海螺一样的小生物是在抹香鲸的尸体中发现的。它看起来就像一位美丽的姑娘在翩（piān）翩起舞。

海底热液喷口生物

海底热液喷口的周围温度非常高，但那里仍然有生命存在，它们不靠阳光生活，也不怕高温，它们的生长环境与我们常见的完全不一样，这使科学家对生命的起源有了更多的认识。

"耐热"海虾

　　"耐热"海虾生活在开曼海槽沸腾的热泉地区，这里的热泉温度高达 400 ℃。不过这些小海虾一点不害怕，它们不仅没有被煮熟，还能安然无恙（yàng）地游来游去，实在令人称奇！

它们没有眼睛，但背部能发光，像萤火虫一样。

红冠蠕虫

　　这是生活在高温海底的红冠蠕（rú）虫，因为具有饱含铁质的血红蛋白，所以它们的血液格外的鲜红。这里的红冠蠕虫大的有两三米长呢。

　　它们没有眼睛，也没有嘴巴，甚至连消化系统也没有，只能依靠伸出套管顶端的身体来滤食海水中的食物。

哥斯达黎加热液喷口生物

北美洲哥斯达黎加边缘海底的热液喷口周围生活着许多新物种，有帽贝、海葵、海蜗牛和管状蠕虫等。

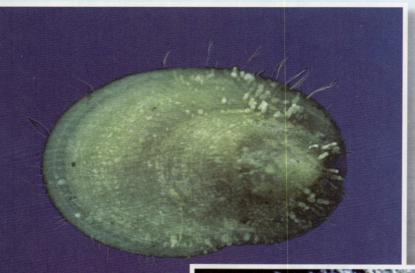

这只像帽子一样的可爱小动物就是帽贝，它的背上落满了细细长长的细菌，它靠吃热液喷口附近的贻贝生存。

贻贝和管状蠕虫集结在一起，看起来像一个巨大的灌木丛。

成群的海蜗牛和海蟹以及蛤蜊。

一只毛足纲环节虫。它们在海床上挖洞，靠吃有机物生存。

南极深海热液喷口生物

这是一种身长大约16厘米的"雪蟹"。它们的胸部长着厚厚的"毛垫"，里面藏满了细菌，它们就是靠这些细菌生存。

热液喷口处的海葵（kuí）和藤（téng）壶，即使没有阳光，它们也能像花一样美丽。

海底矿藏

  幽深的海底虽然没有阳光，却几乎有着陆地上各种各样的矿产资源，甚至陆地上没有的矿产也能在海底找到。陆地上的矿产资源正变得日益匮（kuì）乏，丰富的海底矿产将带给人们新的希望。

海底石油和天然气

广阔的海洋中，储藏着丰富的能源，石油和天然气就是埋藏在海底的重要资源。有的国家建立人工岛，有的搭建海洋开采平台，海底的油气便源源不断地被抽取出来了。

啊？没有油了！

陆地上的能源越来越少了，越来越多的国家开始开发海底油气资源。

"可燃冰"

你见过会燃烧的"冰"吗？其实它不是真正的冰，而是天然气和水在高压、低温的条件下生成的类似冰块的物质，学名天然气水合物。它的主要成分是甲烷，遇火即燃，所以叫"可燃冰"。海洋中的"可燃冰"一般埋藏在海底以下几百米至几千米的沉积地层里。

"可燃冰"中的甲烷是易燃气体，一旦开采不当，可能会加剧气候变暖，还能毁坏海底工程，造成海底滑坡等。

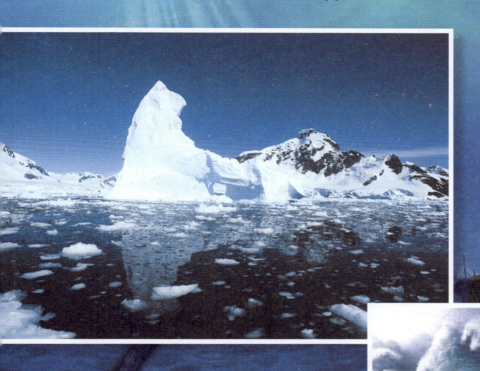

科学家认为，"可燃冰"有可能就是"百慕大三角"轮船和飞机神秘失踪的幕后"黑手"。

多金属结核

　　这些看起来像土豆一样的东西，是一种非常有价值的海底矿产，因为它含有锰、铁、镍（niè）、钴、铜等几十种有价值的元素，被叫做"多金属结核"。

　　它们的外形有的像土豆，有的像花生，有的像葡萄，还有的像生姜，有黑色的，也有褐色的。

多金属结核用途

　　多金属结核里的金属有很多的用途，比如，钴是战略物资，它在航天领域中有着重要的地位。

锰可以制成锰钢，非常坚硬，不怕挤压，不易磨损，是制造坦克和铁轨的重要材料。

镍有一种奇特的本领——不易生锈，所以它常被用来制造货币。

海底淡水

地球表面的 71% 被水覆盖，但能供我们饮用的淡水资源实在是太少了。幸好科学家在海底找到了甘甜的淡水。

海底为什么藏淡水

海底淡水是指埋藏在海底地层或构造中的淡水，如果有适宜的通道，它会形成淡水喷泉。

很久很久以前，现在的一些海底可能是陆地，经过很多年的沧桑变化，含水地层和构造的陆地成了海底，其中的水就成了海底淡水。

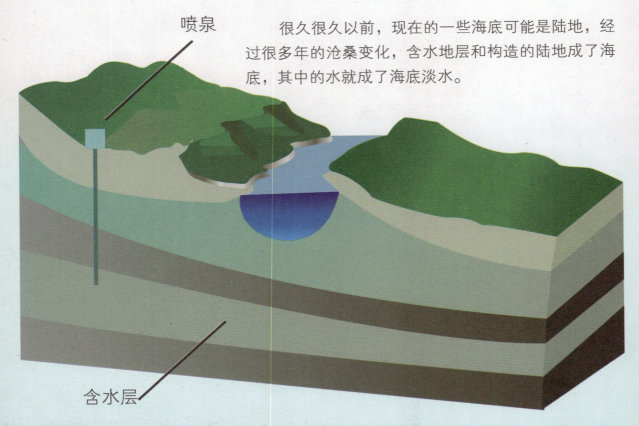

喷泉

含水层

向海底要淡水

　　海底淡水非常甘甜、没有污染，而且数量惊人。例如，在希腊东南面的爱琴海海底有一处涌泉，一天一夜就能喷出 100 万立方米的淡水！

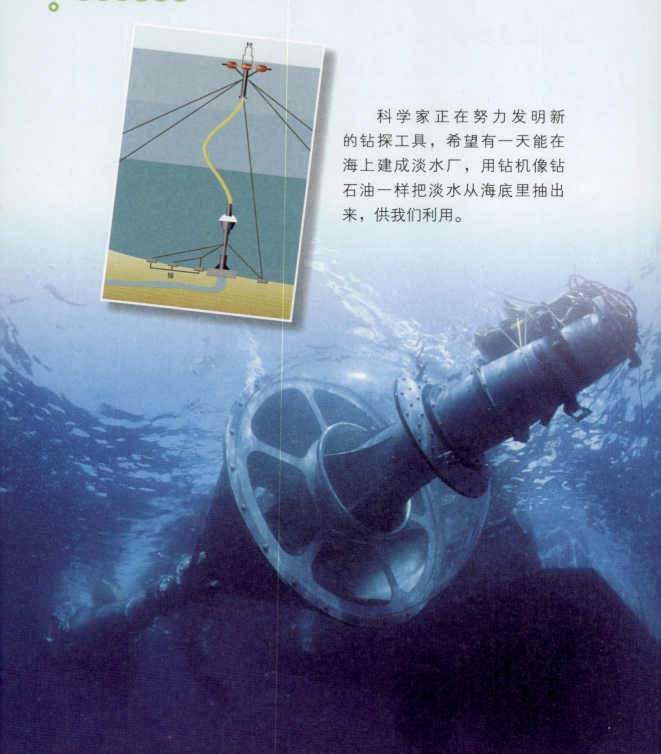

锚

科学家正在努力发明新的钻探工具，希望有一天能在海上建成淡水厂，用钻机像钻石油一样把淡水从海底里抽出来，供我们利用。

海底考古

　　遇难沉海的古船，不幸淹没的古城，都在海底轻轻地诉说着曾经的繁荣。因为那些诱人的财富，海底也成了冒险家的乐园，尽管有的古物已经重见天日，但更多的海底宝藏正静静地等待着人类的发现。

西班牙 "黄金船队"

300 多年前，一支满载黄金的西班牙船队不幸全部沉入大西洋的海底。这支船队就是探险家们梦寐（mèi）以求的"黄金船队"。

为什么叫"黄金船队"?

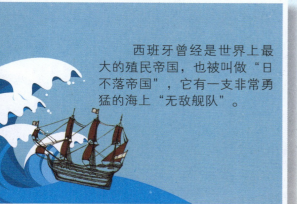

西班牙曾经是世界上最大的殖民帝国，也被叫做"日不落帝国"，它有一支非常勇猛的海上"无敌舰队"。

1702 年，西班牙殖民者在南非洲殖民地烧杀抢掠，掠夺了人家大量黄金珠宝，装了整整 17 艘大帆船，然后他们就浩浩荡荡地向回行驶。这就是西班牙历史上著名的"黄金船队"。

当时的西班牙和英国是死对头，它们在海上行走是很危险的。

"黄金船队"沉海了

当他们行驶到亚速尔群岛海面时，突然遭到了英国和荷兰共 150 艘战舰的猛烈袭击，被包围了一个月后，"黄金船队"彻底战败了。

为了不让珠宝落入敌人手中，绝望的船队总司令命令把船全部烧掉，一艘不留！这支曾经非常威武的"黄金船队"就这样葬身大海了。

"黄金沉船" 的诱惑

为什么会有那么多人去大海寻找那支沉海的船队呢？因为那里有很多很多的黄金珠宝。

尽管谁也不知道宝藏到底在哪里，但是很多人都被传说中巨大的财富吸引着，不断地去海底寻找。

走，去海底寻宝啦！

有的人打捞到了绿宝石、紫水晶等，但大部分人什么都没有找到。

"中美"号淘金船

如果说有这样一艘船，它满载着淘金者和他们辛苦得来的黄金，正高高兴兴地航行回家时，却遇到大风浪而沉入大海，是不是很令人心痛呢？但这正是"中美"号淘金船的真实经历。

用血汗换来的黄金

1849 年，美国的加州地区发现了金矿，所以大批冒险者和他们的家属都来到这里淘金，为了他们心中的"黄金梦"而奋斗。

大风浪惹的祸

　　1857 年 9 月 8 日，一大群淘金者带着他们的妻子和孩子，坐上装满黄金的"中美"号汽船，向着家的方向航行。

　　这艘汽船并不大，上面却有 750 多个人，再加上大批黄金，所以，它严重超载了！

不幸的是，刚走了不远，突然来临的狂风暴雨，让船身破了一个大口子，海水一下子就涌了进来，汽船开始慢慢下沉。

船上的 423 名淘金者勇敢地将妇女和儿童送上了救生艇，而自己和那一大批黄金全部葬身海底。

"中美"号淘金船是"美洲八大宝藏"之一，也被称为"海底金矿"。

"中美"号上最大的金块有 500 千克重，加上其他的 3 000 千克黄金和大量的金币，价值高达 10 亿美元！

船到哪里去了呢？

有一个人对"中美"号沉船非常感兴趣，他就是著名的寻宝专家史宾赛。他用了十几年的时间来寻找它，并深信自己已经找到了沉船的具体位置，希望尽快打捞出这些黄金。

中国 "南海Ⅰ号"

　　2007 年 12 月 22 日，一艘在海底沉睡了 800 多年的南宋古船终于重见天日啦。除了船上那些价值连城的宝物，它还有着巨大的考古价值。它就是重现光芒的 "南海Ⅰ号"！

发现"南海Ⅰ号"

1987年8月，正在寻找别的沉船的潜水员意外发现了"南海Ⅰ号"，这给了我们一个大大的惊喜！

打捞南宋古船

为了不破坏古船原来的样子，科学家用一个大大的沉井把它完完整整地"捧"了出来。

古船周围的淤泥也被捧了出来哦，这样才叫完整！

整体打捞上来的古船被小心翼（yì）翼地安放在了"水晶宫"——一座专门为它建造的博物馆。从此，我们就可以目睹（dǔ）古船的风采了。

"宝船"价值知多少

　　"南海Ⅰ号"可不是一只普通的沉船，它是已发现世界上年代最早、船体最大、保存最完整的远洋贸易商船，有着很重要的考古价值。

"南海Ⅰ号"上的部分文物。

保护"海底瓷都"

　　在我国的海底藏着非常多的古沉船，瓷器就是其中非常重要的一种宝藏。因为很多古代船只沉没在我国的南海，所以南海海底被称为"海底瓷都"。

　　如今，很多人对我们的"海底瓷都"垂涎（xián）三尺，所以我们必须尽快将文物打捞上来并好好保护，不让它们遭到破坏。

海底教堂——英国丹维奇市

中世纪，丹维奇市是英国的首都，是一座繁华的渔港城市。现在，它已经成了一座水下古城，这就是著名的"海底教堂"。

注定淹没的城市

丹维奇市从诞生的那一天起，就注定要被海水淹没，因为它建在非常松软的地基上，很容易受到海水的侵蚀。

灾难袭来

1286 年，在丹维奇市发生了一件可怕的事情，巨大的海浪张牙舞爪地涌上海岸，把城市中的 400 多栋建筑都淹没了。从此，整个城市就慢慢地沉入海水中了。

牙买加皇家港口

17 世纪，牙买加皇家港口是加勒比海地区的一个大都市，同时它也被称作"海盗之都"，因为它有着很多新奇的海盗故事。但是，一场猛烈的大地震将这座繁华的城市送入了大海。

"地球上最邪恶的城市"

牙买加金斯顿海湾的入口处就是皇家港口，它是加勒比海地区的重要城市。

它的财富基本上都是海盗抢来的。海盗们常常在大海上抢劫过往的船只，掠夺财宝。所以，它也被称为"地球上最邪恶的城市"。

大地震

皇家港口是建立在一片沙洲之上的，而且只比当时的海平面高出1米，或许这就预示了它以后的毁灭。

探访水下古城

因为沉没的皇家港口很好地保存了加勒比地区的历史，所以，爱好考古的潜水者经常到这里拜访。

还有很多人对这座城市充满了好奇，希望能从中找到当初海盗们惊心动魄的传奇故事。

令人惊奇的是，20世纪60年代，考古学家在海底找到了一只怀表，它的指针准确无误地停在了上午11时43分，而这正是那次大地震发生的瞬间。

荷马时代港口
——希腊帕夫洛皮特里

希腊帕夫洛皮特里是最早沉入海底的城市，它曾经是青铜时代最繁忙的港口，但现在却静静地沉睡在大海之中。

遗址的发现

1967 年，英国海洋地质学家弗莱明潜水考察时，发现了这片古城遗址。

它很可能是希腊王国的主要城市，许多王室成员或许在这里居住过。

新的考古发现

2009 年英国考古学家发现，帕夫洛彼特里要比以前想象的更重要，因为它的遗址要比弗莱明发现的大得多。

神秘的沉海

如今，帕夫洛彼特里已经沉没在希腊最南端的一个海湾里，遗址位于水面 4 米以下。

大约在公元前 1100 年，这座城市就被人们废弃了，但它为什么会沉入大海却始终没有人知道。

深潜器

千百年来，人类用各种方式不断地探索着海洋，从最初的望洋兴叹到今天的遨游大海，海洋正慢慢地揭开它神秘的面纱。尤其是深潜器的出现，它能带着人们到达海洋的最深处，深邃的海底变得不再陌生，神奇的海底世界开始渐渐清晰地呈现在人们面前。

"阿尔文"号载人深潜器

它从不畏惧深海，它也从不抱怨，每当人类在探索深海中有了重大发现的时候，就会找到它的身影。它就是深潜器中的"明星"——美国"阿尔文"号载人深潜器。

伟大"水手"的诞生

1964年，"阿尔文"号在美国的明尼苏达州诞生了！它是用伍兹霍尔海洋研究所一位海洋专家的名字命名的。

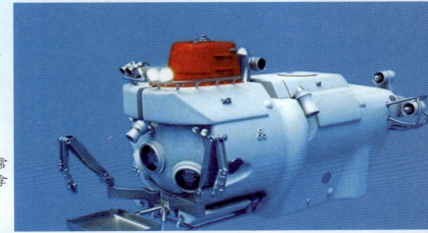

"阿尔文"号有两只非常灵活的机械手，能够自由地拿放东西。

"阿尔文"号传奇

1964年，"阿尔文"号下水了，一段奇特不凡的探险旅程开始啦！

1966年，它帮助美国海军在地中海1 000多米深处找到了一枚因意外事故丢失的氢弹。

如果没有"火眼金睛"的"阿尔文"号及时发现这枚氢弹，那始终是一个潜在的危险。

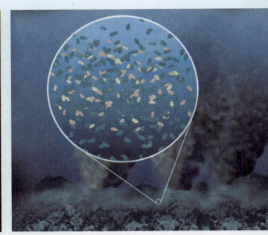

通过"阿尔文"号，科学家首次发现不依靠光合作用的生命形态。

1986年，"阿尔文"号找到了冰海沉船，让大导演卡梅伦拍摄了历史上最赚钱的电影——《泰坦尼克号》。

曾经雄伟壮观的豪华游轮，如今锈迹斑斑的船骸（hái）。

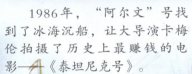

"阿尔文"号是现在世界上最著名的深潜器，它还被称为"历史上最成功的潜艇"。

"阿尔文"号第一次只下潜了10米多。经过无数次的努力，它的最大下潜深度已达4 500米！

从1964年开始，"阿尔文"号已经任劳任怨地工作了40多年！它进行过4 000多次深海考察，带领12 000多名乘客参观了海底，是当今世界上下潜次数最多的载人深潜器。

"鹦鹉螺"号载人潜水器

1984 年，法国制造了一艘叫做"鹦鹉螺"号的载人潜水器，希望它能像凡尔纳小说《海底两万里》中的"鹦鹉螺"号潜艇那样神奇和勇猛。

"鹦鹉螺"号潜水器的外形

"鹦鹉螺"号看上去像一只"黄莺"，因为它的外表是亮黄色的。

这是真正的鹦鹉螺，一种海洋软体动物。

　　"鹦鹉螺"号上任以来，已经下潜了 1 500 多次，完成了很多任务，解决了很多难题，取得了丰硕的成果。

"鹦鹉螺"号的功劳

"鹦鹉螺"号凭借着自己先进的设备，加上勇敢的冒险精神，已经采集到了很多珍贵的样品，有海底岩石、泥沙和热液矿床等。

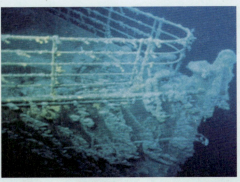

"鹦鹉螺"号还完成了多金属结核地区的调查，研究了深海海底的生态环境。

"蛟龙"号载人深潜器

"蛟龙"号是第一台完全由中国自己设计制造的深海载人潜水器，能下潜到7 000多米的深海！这说明中国的深海载人技术已经达到世界领先水平。

威武的"蛟龙"号

"蛟龙"号像一只凶猛的大白鲨，它有着白色圆柱状的"身体"、橙色的"脑袋"，身后还有一条神奇的"尾巴"，能帮它在水中自由行走，甚至能停在水中不动。

"蛟龙"号的机械臂能像人的胳膊那样灵活

钛合金壁

载人舱

摄影摄像
地形扫描

机械臂

观测窗

采集样本

这只机械"大白鲨"一点也不比变形金刚差，它的身体非常复杂，所以才能在 7 000 多米深的水下自由遨（áo）游。

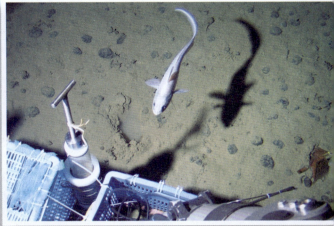

2010年5月，"蛟龙"号在中国南海海底插上了中国国旗。

"蛟龙"号用先进的摄像仪器在5 000米深海拍摄到的鼠尾鱼和海虾。

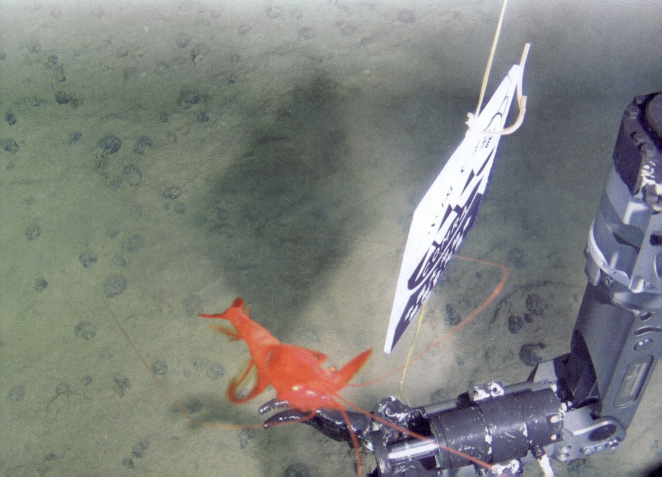

挑战深海极限

2012 年 6 月 22 日，"蛟龙"号下潜深度达到 6 963 米。取得了 3 个海水样品，2 个沉积物样品和 1 个生物样品、同时还进行了测深等实验。

"蛟龙"号载人深潜器采集的样品。

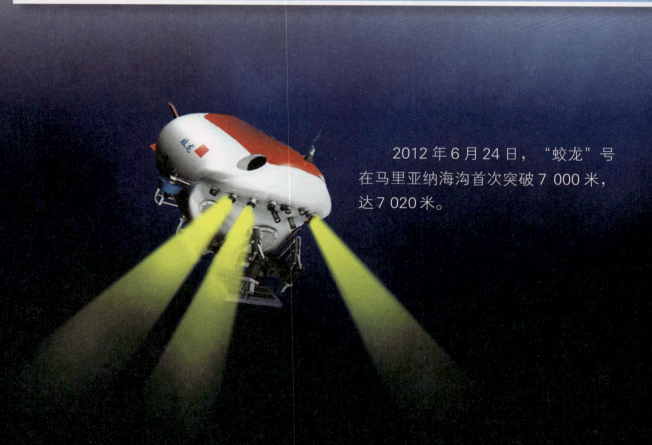

2012 年 6 月 24 日，"蛟龙"号在马里亚纳海沟首次突破 7 000 米，达 7 020 米。

"蛟龙"号母船"向阳红 09"号。

2012 年 6 月 27 日，"蛟龙"号下潜到 7 060 米的深度！

"蛟龙"号的新任务

现在，"蛟龙"号已经成为世界上最强大的载人深潜器之一。它已经完成矿物取样、生物采集、仪器放置等多项深海科考项目。

不久的将来，这只勇猛的"蛟龙"要去南海"大展拳脚"了，帮助国家实现"南海深部计划"。